Sitzungsberichte
der Akademie der Wissenschaften
der DDR
Mathematik – Naturwissenschaft – Technik

Jahrgang 1990 · Nr. 4/N

Christian Wohlfarth/Margit T. Rätzsch

Kontinuierliche Thermodynamik von Copolymer-Systemen

AKADEMIE-VERLAG BERLIN
1990

Vortrag vor der Klasse Chemie
am 8. Juni 1989 von Dr. Christian Wohlfarth
und Akademiemitglied Margit T. Rätzsch,
Technische Hochschule „Carl Schorlemmer"
Leuna Merseburg, Sektion Chemie

Herausgegeben im Auftrage
des Präsidenten der Akademie
der Wissenschaften der DDR
von Vizepräsident Prof. Dr. Hans-Heinz Emons

ISBN 3-05-500848-0
ISSN 0138-3965
Erschienen im Akademie-Verlag Berlin, Leipziger Straße 3—4, DDR-1086

Lizenznummer: 202 · 100/317/90
Printed in the German Democratic Republic
Gesamtherstellung: Druckhaus Köthen GmbH
LSV 3095
Bestellnummer: 764 1550 (2010/90/4/N)

1. Einführung

Synthetische Copolymere sind stets polydisperse Produkte, die durch Verteilungsfunktionen bezüglich der Molmasse, der chemischen Zusammensetzung, der Sequenzlänge, der Verzweigungen, der Taktizität, usw. charakterisiert werden. Diese Verteilungsfunktionen beeinflussen die thermodynamischen Eigenschaften sowohl der Copolymere selbst als auch der Mischphasen, die Copolymere enthalten.

Die kontinuierliche Thermodynamik, die direkt auf der Verwendung von Verteilungsfunktionen beruht [1—5], gestattet die exakte und zugleich elegante Lösung thermodynamischer Problemstellungen in solchen Vielstoffsystemen (vgl. die Übersichtsarbeiten [6—9]). Hier soll über ihre Anwendung auf Systeme mit Copolymeren berichtet werden, wobei wir auf zwei Schwerpunkte unserer Arbeit eingehen wollen, die von unmittelbarem Interesse durch die chemische Industrie gekennzeichnet sind:

(1) Die Berechnung des Hochdruckphasengleichgewichtes im System Ethen + Vinylacetat + Copoly(ethen vinylacetat),

(2) Die Berechnung des Entmischungsgleichgewichtes in Copolymer Blends in der Schmelze (Problem der Verträglichkeit).

2. Theoretische Grundlagen

Eine detaillierte Darstellung der theoretischen Grundlagen ist in [9] gegeben.

Für die hier im weiteren zu betrachtenden Fälle beschränken wir uns auf zweidimensionale Verteilungsfunktionen. Ein Copolymer B soll aus zwei Monomereinheiten α und β aufgebaut sein. Es wird ein Standardsegment definiert und die Segmentzahlen r_α und r_β berechnen sich als Quotienten der van-der-Waals-Volumina (Modell der harten Kugeln) der α- bzw. β-Einheiten und des Standardsegments. Der Segmentbruch Y_B der α-Einheiten charakterisiert dann die chemische Zusammensetzung eines Copolymermoleküls und die Gesamtsegmentzahl r_B korrespondiert mit der Molmasse (oder der Kettenlänge bei linearen Copolymeren).

$$r_B = r_\alpha + r_\beta; \qquad Y_B = r_\alpha / r_B \tag{1}$$

Für statistische Copolymere hat Stockmayer [10] eine analytische Form der Verteilungsfunktion

$$W_B(r_B, Y_B) = \left\{\frac{k_B^{k_B+1}}{\bar{r}_B \Gamma(k_B + 1)} \left(\frac{r_B}{\bar{r}_B}\right)^{k_B} \exp\left(-k_B \frac{r_B}{\bar{r}_B}\right)\right\}$$

$$\left\{\sqrt{\frac{r_B}{2\pi\, \varepsilon_B}} \exp\left[-\frac{r_B(Y_B - \tilde{Y}_B)^2}{2\varepsilon_B}\right]\right\} \quad (2)$$

abgeleitet, die in der gegebenen generalisierten Form das Produkt aus einer Schulz/Flory-Verteilung bezüglich der Segmentzahl r_B und einer Gauß-Verteilung bezüglich der chemischen Zusammensetzung Y_B darstellt. Die beiden Parameter der Verteilungsfunktion, k_B und ε_B.

$$k_B = 1/(\tilde{r}_B/\bar{r}_B - 1) \quad (3)$$

$$\varepsilon_B \approx \tilde{Y}_B(1 - \tilde{Y}_B) \quad (4)$$

sind über Massen- und Zahlenmittel der Segmentzahlverteilung, d.h. $\tilde{r}_B$ und $\bar{r}_B$, bzw. über das Massenmittel der chemischen Verteilung $\tilde{Y}_B$ gegeben. Γ ist die Gammafunktion und $\pi = 3.14159\ldots$

Die im weiteren zu betrachtenden Anwendungsfälle beruhen alle auf dem Flüssig-Flüssig-Gleichgewicht. Dieses wird wesentlich durch den polydispersen Charakter der Copolymere beeinflußt. Es sei hier nur auf die bekannte Tatsache verwiesen, daß die Entmischung in zwei flüssige Phasen stets mit einer Fraktionierung, also einer Veränderung der Verteilungsfunktion, verbunden ist. Die kontinuierliche Thermodynamik führt zu Gleichungen, die es gestatten, den Beginn der Phasentrennung, die sogenannte Trübungs- und Schattenkurve, einfach zu berechnen [4–9]. Für den Fall einer Lösung eines polydispersen Copolymers B mit einer zweidimensionalen Verteilungsfunktion $W_B(r_B, Y_B)$ in einem Lösungsmittel A lauten die Beziehungen für Trübungs- und Schattenkurve wie folgt [11]:

$$1 - \Psi_B^{II} = (1 - \Psi_B^{I}) \exp(r_A\, \varrho_A) \quad (5)$$

$$\Psi_B^{II} W_B^{II}(r_B, Y_B) = \Psi_B^{I} W_B^{I}(r_B, Y_B) \exp(r_B\, \varrho_B(r_B, Y_B)) \quad (6)$$

Gl. (6) ist eine Funktionengleichung, die aus der bekannten Verteilungsfunktion der homogenen Phase I am Trübungspunkt die unbekannte Verteilungsfunktion der koexistierenden Phase II, der Schattenphase, als explizite Lösung ergibt. Die Gl. (5)–(9) liefern

$$\Psi_B^{II} = \int_{r_B} \int_{Y_B} \Psi_B^{I} W_B^{I}(r_B, Y_B) \exp(r_B\, \varrho_B(r_B, Y_B))\, dY_B\, dr_B \quad (7)$$

$$\Psi_B^{II}/\bar{r}_B^{II} = \int_{r_B} \int_{Y_B} r_B^{-1}\, \Psi_B^{I} W_B^{I}(r_B, Y_B) \exp(r_B\, \varrho_B(r_B, Y_B))\, dY_B\, dr_B \quad (8)$$

$$\Psi_B^{II} \tilde{Y}_B^{II} = \int_{r_B} \int_{Y_B} Y_B \Psi_B^{I} W_B^{I}(r_B, Y_B) \exp(r_B\, \varrho_B(r_B, Y_B))\, dY_B\, dr_B \quad (9)$$

die Lösungen für die Trübungstemperatur (oder den -druck), die globale Zusammensetzung der Schattenphase Ψ_B^{II} sowie die Mittelwerte der Verteilungsfunktion in der Schattenphase $\bar{r}_B^{II}$ und $\tilde{Y}_B^{II}$, wobei die Zusammensetzung der Phase I, d. h. Gesamtsegmentbruch Ψ_B^I und Verteilungsfunktion $W_B^I(r_B, Y_B)$, gegeben sind. Die Funktionen ϱ_A und ϱ_B

$$\varrho_A = -(\Psi_B^{II} - \Psi_B^I)/r_A + \Psi_B^{II}/\bar{r}_B^{II} - \Psi_B^I/\bar{r}_B^I - \ln \bar{\bar{f}}_A^{II}/\bar{\bar{f}}_A^I \tag{10}$$

$$\varrho_B(r_B, Y_B) = -(\Psi_B^{II} - \Psi_B^I)/r_A + \Psi_B^{II}/\bar{r}_B^{II} - \Psi_B^I/\bar{r}_B^I - \ln \bar{\bar{f}}_B^{II}(r_B, Y_B)/\bar{\bar{f}}_B^I(r_B, Y_B) \tag{11}$$

sind über die segmentmolaren Aktivitätskoeffizienten $\bar{\bar{f}}_A$ und $\bar{\bar{f}}_B(r_B, Y_B)$ mit den thermodynamischen Zustandsfunktionen der Mischphase verknüpft.

In der Mischphasenthermodynamik werden heute gleichrangig sowohl Modelle für die freie Exzeßenthalpie als auch für Zustandsgleichungen eingesetzt, um Phasengleichgewichtsberechnungen auszuführen. Beide Wege treffen sich, zumindest teilweise, im Rahmen der freien-Volumen-Modelle für Polymersysteme.

Im Zusammenhang mit der Berechnung von Phasengleichgewichten haben wir eine Reihe von Modellansätzen aus beiden Richtungen angewandt und (da die Modelle zumeist ursprünglich für niedermolekulare Mischungen entwickelt wurden) für einen Einsatz bei makromolekularen Mischphasen weiterentwickelt.

Für Hochdruckphasengleichgewichtsberechnungen in Systemen mit Monomeren oder anderen niedermolekularen Mischungspartnern benutzen wir Zustandsgleichungen. Die „Chain-of-Rotators"-Zustandsgleichung [12] stellt eine dafür besonders geeignete (nichtkubische) Zustandsgleichung dar, da sie die für Makromoleküle wesentlichen Rotationsfreiheitsgrade explizit berücksichtigt.

Sie wurde von uns modifiziert und erfolgreich zur Berechnung von Gaslöslichkeiten, Verdampfungsgleichgewichten und Hochdruckphasengleichgewichten in verschiedenen Systemen eingesetzt [13—16].

Die Zustandsgleichung hat die Form

$$Z = PV/RT = Z_{rep} + Z_{attr} \tag{12}$$

$$Z_{rep} = Z_{trans} + (c/2)\, z_{rot} \tag{13}$$

$$Z_{trans} = 1 + (4y^2 - 2y)/(y-1)^3; \; y = V/(V_0 \tau); \qquad \tau = 0.7405 \tag{14}$$

$$z_{rot} = (x-1)/2\,(3y^2 + 3xy - x - 1)/(y-1)^3 \tag{15}$$

$$Z_{attr} = \frac{U}{RT^*} \sum_m \sum_n \frac{m A_{nm}}{\tilde{T}^n \tilde{V}^m} \tag{16}$$

wobei c die Zahl der Rotationsfreiheitsgrade, x die Abweichung der Segmente von der Kugelgestalt, y ein reduziertes Volumen, V_0 das van-der-Waals Volumen, T^* die charakteristische Temperatur und A_{nm} universelle Konstanten darstellen. U repräsentiert die Wechselwirkungsenergie im System (weitere Details s. [12—16]).

Entscheidend für die Anwendung in der Mischphase sind die Mischungsregeln, die dem Makromolekülcharakter angepaßt und konsequent segmentbezogen gestaltet sein müssen [14].

Für die Berechnung der Entmischung von Copolymer Blends aus den polydispersen Copolymeren B und C in der Schmelze sind Gittermodelle geeignet [17] (auf die Anwendung von Zustandsgleichungen dafür soll hier nicht eingegangen werden). Unter Berücksichtigung von Oberflächenparametern s_i und Wechselwirkungsparametern g_{ij} sowie eines konzentrations-, $L(\Psi_B)$, und eines temperaturabhängigen, $\beta(T)$, Terms läßt sich eine Funktion für die segmentmolare freie Exzeßenthalpie $\bar{\bar{G}}^E$ der Form

$$\bar{\bar{G}}^E/RT = L(\Psi_B)\beta(T)\, g/Q \tag{17}$$

$$L(\Psi_B) = \Psi_B(1 - \Psi_B)(1 + c\Psi_B + d\,\Psi_B^2 + \cdots) \tag{18}$$

$$\beta(T) = a + b/T \tag{19}$$

$$\begin{aligned} g = &- s_\alpha s_\beta \tilde{Y}_B (1 - \tilde{Y}_B)(\eta_2/\eta_1)\, g_{\alpha\beta} + s_\alpha s_\gamma \tilde{Y}_B \tilde{Y}_C g_{\alpha\gamma} \\ &+ s_\alpha s_\delta \tilde{Y}_B (1 - \tilde{Y}_C)\, g_{\alpha\delta} + s_\beta s_\gamma (1 - \tilde{Y}_B)\, \tilde{Y}_C g_{\beta\gamma} \\ &+ s_\beta s_\delta (1 - \tilde{Y}_B)(1 - \tilde{Y}_C)\, g_{\beta\delta} - s_\gamma s_\delta \tilde{Y}_C (1 - \tilde{Y}_C)(\eta_1/\eta_2) g_{\gamma\delta} \end{aligned} \tag{20}$$

$$Q = \eta_1 \Psi_B + \eta_2 \Psi_C \tag{21}$$

$$\eta_1 = s_\alpha \tilde{Y}_B + s_\beta (1 - \tilde{Y}_B); \qquad \eta_2 = s_\gamma \tilde{Y}_C + s_\delta (1 - \tilde{Y}_C) \tag{22}$$

formulieren [17]. Die empirischen Parameter *a*, *b*, *c*, *d* sind an experimentelle Daten anzupassen (von einer Vorausberechnung ist man hier noch weit entfernt!). Ψ_B ist wieder der Gesamtsegmentbruch des Copolymers B in einer Phase, Y_C ist analog Gl. (1) definiert (r_γ/r_C). Die Mittelwerte $\tilde{Y}_B$ und $\tilde{Y}_C$ in jeder Phase gehorchen Gl. (9), wobei für *C* die Indices entsprechend zu tauschen sind.

Soviel muß zu den theoretischen Grundlagen hier genügen.

3. Ergebnisse und Diskussion

3.1. Zum Hochdruckphasengleichgewicht im System Ethen + Vinylacetat + Copoly(ethen vinylacetat)

Statistische Copolymere aus Ethen und Vinylacetat werden im VEB Leuna-Werke „Walter Ulbricht" nach dem Hochdruckverfahren hergestellt. Das Entmischungsgleichgewicht (bei Bedingungen, unter denen die Monomere überkritisch vorliegen) bestimmt wesentlich die Auslegung des Hochdruckabscheiders, wo die homogene Reaktionsmischung auf einen bestimmten Druck entspannt wird, um das Copolymerisat und die nicht umgesetzten Monomere voneinander zu trennen.

Die Abscheiderbedingungen sind zu optimieren, wobei der Druck aus ökonomischen Gründen nicht zu niedrig sein darf, jedoch der Oligomergehalt im Rückführungsgemisch möglichst klein sein muß. Zudem beeinflußt der Fraktioniereffekt während der Abscheidung die Qualität des Endproduktes. Wir haben deshalb (seit nahezu einem Jahrzehnt) verschiedenste Modelle ausgearbeitet und getestet, um Computerprogramme zu gewinnen, die die Phasenverhältnisse mit genügender Genauigkeit beschreiben [18–25].

Die untersuchten Systeme beruhen alle auf einem Copolymer mit den Molmassemittelwerten $\overline{M}_n = 15500$ g/mol und $\overline{M}_w = 40800$ g/mol mit einem mittleren Vinylacetatgehalt von 32,3 Ma %. Als Bezugssegment dient Ethen, d.h. $r_{Ethen} = 1$ und $r_{VA} = 3{,}07$. Die Messung der Trübungsdruckkurve erfolgte für das Untersystem Ethen + Copoly(ethen vinylacetat) und im Gesamtsystem (bei konstantem Monomerverhältnis von E/VA = 64/36) bei Temperaturen von 393–473 K und über einen Konzentrationsbereich von 5–30 Ma % Copolymer. Damit wird der in der Praxis benötigte Bereich überstrichen. Abb. 1 zeigt mit einem Gittermodellansatz [11,25] berechnete Trübungskurven, sowie Spinodale und kritischen Punkt. Es wird eine ausreichend gute Berechnung des Beginns der Entmischung erreicht, was auch für den gesamten, hier nicht gezeigten Temperaturbereich gilt [25]. Da der größere Einfluß auf die Entmischungsgrenze durch die Molmassenverteilung hervorgerufen wird, erfolgten spezielle

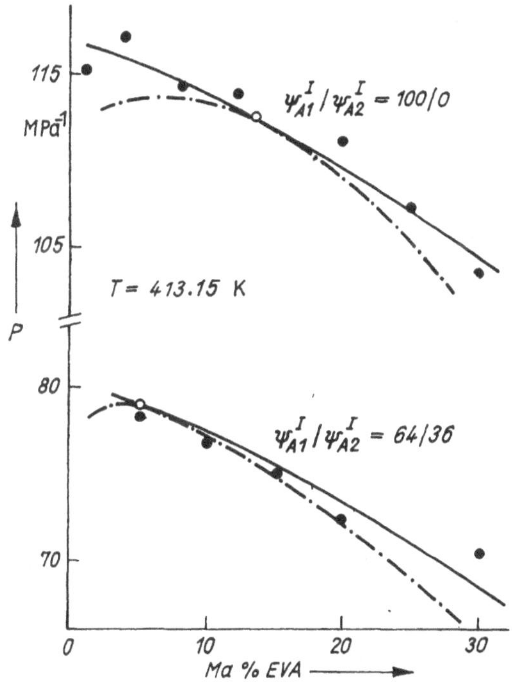

Abb. 1 Berechnete Trübungskurven (———) mit zugehöriger Spinodale (—·—) und kritischem Punkt (○) für die Mischung Ethen + Vinylacetat + Copoly(ethen vinylacetat); A1, A2 – Monomere, B – Copolymer, ● – exp. Daten [18, 22]

Messungen und Berechnungen zu diesem Problem [21]. Im Rahmen der Genauigkeit der Trübungsdruckmessung und der Charakterisierung der Fraktionen (der mittlere Vinylacetatgehalt ist für alle Fraktionen nahezu gleich) läßt sich dieser Einfluß unter Einsatz der kontinuierlichen Thermodynamik gut erfassen, Abb. 2. Einen Gesamteindruck über den Hochdruckbereich des Entmischungsgleichgewichtes soll Abb. 3 vermitteln, wo Koexistenzkurven bei konstanten Drücken für das quasiternäre System berechnet worden sind. Auf den Vergleich verschiedener Modellansätze und die Behandlung des Einflusses der Modellparameter, ihre Gewinnung aus verschiedenen thermodynamischen Daten sowie die Diskussion rechentechnischer Fragen sei an dieser Stelle verzichtet.

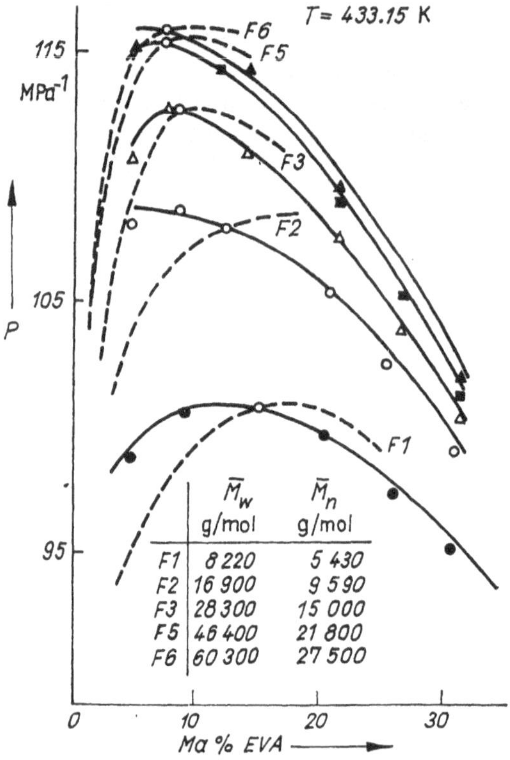

Abb. 2 Berechnete Trübungskurven (———), Schattenkurven (– – –) und kritische Punkte (○) in Mischungen aus Ethen + Copoly(ethen vinylacetat) unter Verwendung des freien Volumen-Modells von Flory; Parameter s. [18], exp. Daten [21].

3.2. Zum Flüssig-Flüssig-Gleichgewicht in Copolymer Blends

Das Problem der Copolymerverträglichkeit ist seit langem Gegenstand vielfältigen Interesses, insbesondere unter dem Aspekt der Werkstoffentwicklung, da Copolymer Blends Eigenschaften aufweisen können, die durch die einzelnen Mischungspartner

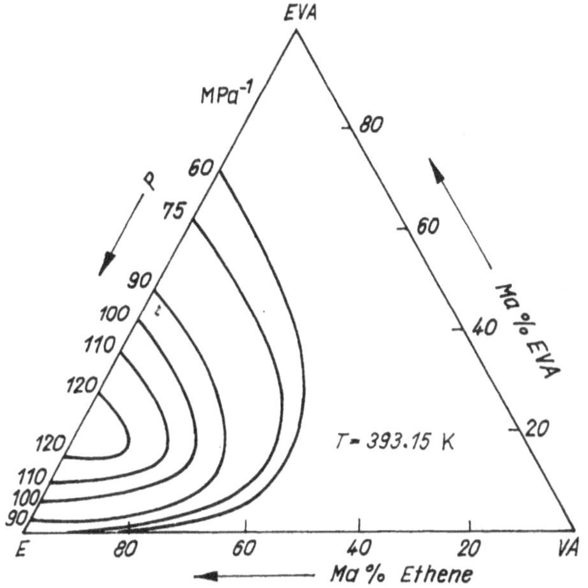

Abb. 3 Berechnete Koexistenzkurven im System Ethen + Vinylacetat + Copoly(ethen vinylacetat), zusätzliche Angaben s. [22]

niemals erreicht werden [26, 27]. In einem bestimmten Ausmaß hängen die Eigenschaften solcher Blends davon ab, ob die Mischungen thermodynamisch stabil sind oder nicht. Neben der Unzahl von empirischen Untersuchungen an Copolymer Blends gibt es aber vergleichsweise nur wenige Arbeiten, die sich mit den thermodynamischen Grundlagen dazu beschäftigen, wie erst kürzlich Roe und Rigby bedauernd feststellen mußten [28]. Zudem beschränkt sich davon die überwiegende Mehrzahl auf eine Analyse der Spinodale und/oder des kritischen Punktes oder gar nur auf die Frage des negativen Vorzeichens der freien Mischungsenthalpie oder der χ-Funktion. Der Einfluß der Polydispersität wird schließlich meist ganz vernachlässigt oder bestenfalls durch einige Mittelwerte berücksichtigt. Erst die kontinuierliche Thermodynamik ermöglichte hier den Durchbruch, wenn die echte Entmischungsgrenze in solchen Systemen mit mehreren polydispersen Ensemblen, die durch mehrdimensionale Verteilungsfunktionen charakterisiert werden, exakt berechnet werden soll (9, 11].

Seit der Arbeit von Scott [29] ist das Verträglichkeitsverhalten von zwei Copolymeren, die aus den gleichen Monomereinheiten bestehen aber unterschiedliche mittlere chemische Zusammensetzungen aufweisen, stets ein wesentlicher Diskussionspunkt geblieben, dessen Aspekte noch längst nicht vollständig verstanden werden. Wir konnten diesem Mosaik einige Steinchen bezüglich der tatsächlichen Entmischungsgrenze, d. h. der Trübungskurve, hinzufügen, wovon einige Gesichtspunkte hier kurz dargestellt werden sollen, Abb. 4a–h). Nach Scott wird die Frage der Verträglichkeit ausschließlich durch die Differenz $\Delta = \tilde{Y}_C - \tilde{Y}_B$ zwischen den Mittelwerten der che-

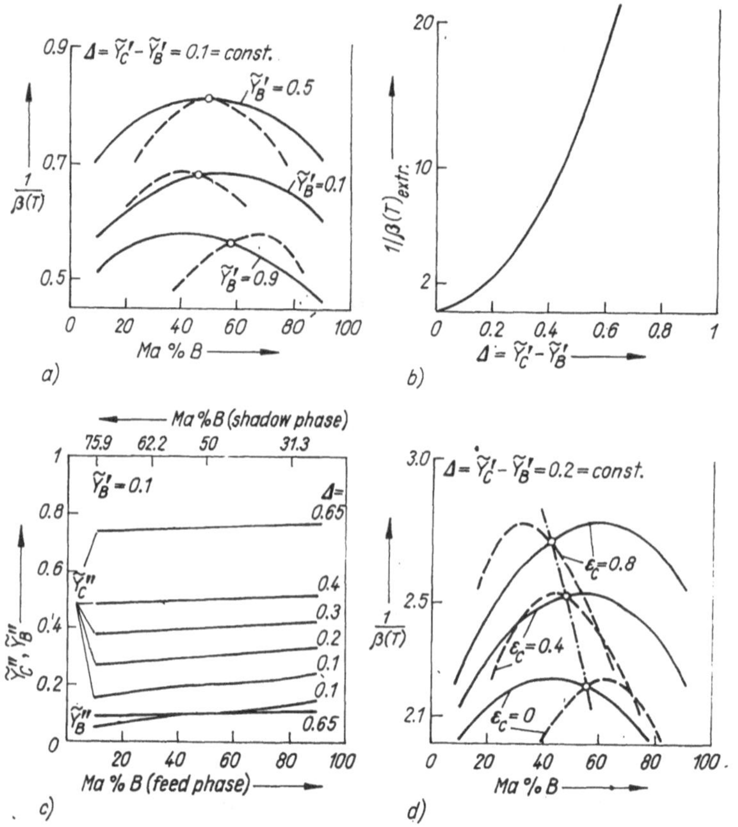

Abb. 4 Berechnete Phasengleichgewichte in Copolymer Blends des Typs B (αβ) + C(αβ)
a) Trübungskurven (———), Schattenkurven (– – –) und kristische Punkte (○); $\bar{r}_B^I = \bar{r}_C^I = 50$, $k_B = k_C = 1$, alle $s_i = 1$.

b) Extremwert der Trübungskurve in Abhängigkeit von $\Delta = \tilde{Y}_C^I - \tilde{Y}_B^I$; restliche Parameter s. a)

c) Massenmittel der chem. Zusammensetzung in der Schattenphase bei $\Delta = 0.1 = \text{const.}$; restliche Parameter s. a)

d) Kurven wie unter a) für verschiedene Breiten der chemischen Verteilung; $\tilde{Y}_B^I = 0{,}3$, $\tilde{Y}_C^I = 0{,}5$, $\varepsilon_B = 0{,}21$

mischen Zusammensetzung beider Copolymere bestimmt, wenn alle anderen Einflußfaktoren, d.h. die Molmassenverteilungen usw., identisch sind. Abb. 4b) zeigt, daß dies zwar der wesentliche Effekt ist, aber die chemische Verteilung, selbst bei identischer (!) Standardabweichung, Abb. 4a) und natürlich bei Anwachsen ihrer Breite, Abb. 4d), einen nicht zu vernachlässigenden Effekt ausübt. Abb. 4e–h) veranschaulichen, daß unterschiedliche Oberflächen/Volumen-Verhältnisse der Segmente,

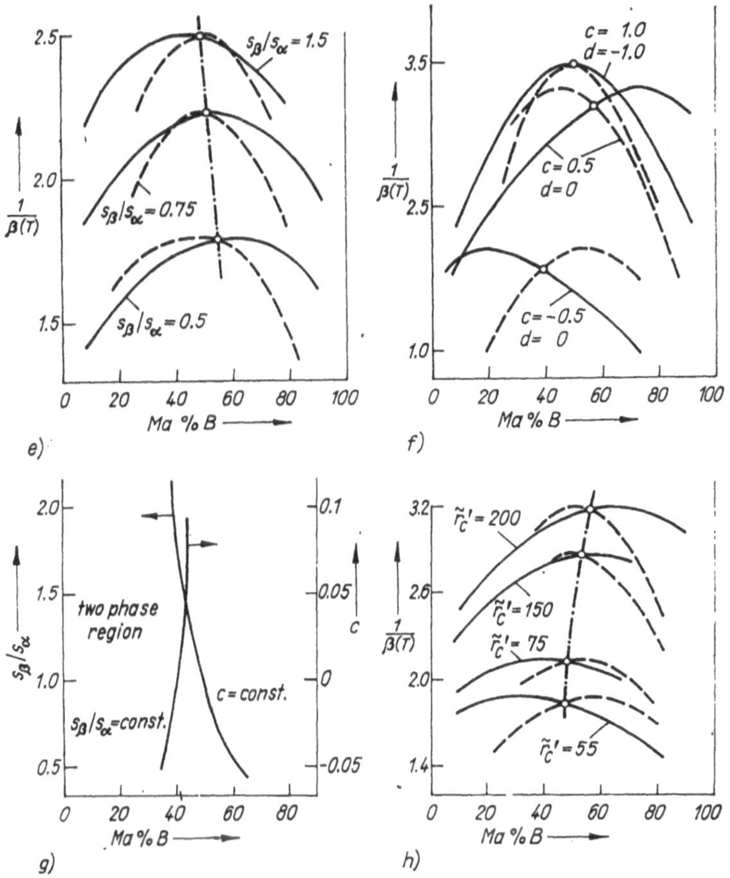

e) Kurven wie unter a) für verschiedene s_β/s_α-Werte; Parameter s. d)

f) Kurven wie unter a) für verschiedene c, d-Werte in $L(\Psi_B)$; restliche Parameter s. a)

g) Trübungspunktextremumskonzentration (bei $1/\beta(T)_{extr}$) gegen s_β/s_α oder c-Parameter; restliche Parameter s. a)

h) Kurven und Parameter wie unter a) für verschiedene Breiten der Molmassenverteilung des Copolymers C

die Konzentrationsabhängigkeit der $\overline{\overline{G}}^E$-Funktion oder die Molmassenverteilung weitere Einflußfaktoren auf das insgesamt recht komplexe Entmischungsverhalten darstellen (letzteres wurde analog bereits von Koningsveld und Kleintjens [30, 31] anhand der spinodalen Entmischungsgrenze festgestellt). Wie die verschiedenen Parameter und Einflußfaktoren in realen Systemen berücksichtigt werden können, zeigt Abb. 5 am Beispiel von Mischungen aus Polyethylen verschiedener Molmassen und einem Copoly(ethen vinylacetat), hier mit 29 Ma% Vinylacetatgehalt (exp. Angaben s. [32]).

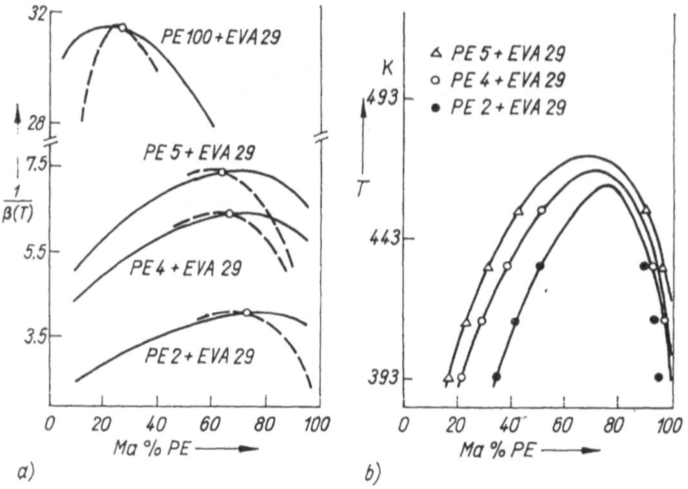

Abb. 5 Berechnete Phasengleichgewichte in Blends aus Polyethylen + Copoly(ethen vinylacetat); die Zahl hinter PE bedeutet $\overline{M}_n \cdot 10^3$ g/mol, EVA 29: $\overline{M}_n = 15\,500$ g/mol, 29 Ma% Vinylacetat (alle Uneinheitlichkeiten werden mangels Angaben zu $\overline{M}_w$ in [32] als 1 angenommen)

a) Trübungskurve (———), Schattenkurve (– – –) und kritischer Punkt (○), berechnet auf Basis gleicher β(T)-Fkt.

b) Trübungskurven berechnet mit

PE2 + EVA29: $\beta(T) = -0.0101 + 121.8$ K/T

PE4 + EVA29: $\beta(T) = -0.0564 + 99.3$ K/T

PE5 + EVA29: $\beta(T) = -0.0629 + 93.6$ K/T

Eine weitere wichtige Klasse von Blends besteht aus Mischungen eines Copolymers B($\alpha\beta$) mit einem Homopolymer C(γ), deren Monomerbausteine alle unterschiedlich sind. Solche Blends können Bereiche kompletter Mischbarkeit aufweisen, selbst wenn die Homopolymer Blends ($\alpha + \beta$, $\alpha + \gamma$, $\beta + \gamma$) alle unverträglich sind, d.h. entmischen, und keine spezifischen Wechselwirkungen auftreten. Ein derartiges Verhalten des Copolymer/Homopolymer Blends wird oft als Fenster oder Tür der Mischbarkeit bezeichnet (je nach Lage des Verträglichkeitsbereiches) und beruht auf der empfindlichen Balance der repulsiven Wechselwirkungen im Gesamtsystem [33–35]. Auf Modellrechnungen soll an dieser Stelle verzichtet werden und sogleich das „Standard“ Beispiel Copoly(styren acrylnitril) + Polymethylmethacrylat betrachtet werden, Abb. 6a–d). Für dieses Blend gibt es eine Reihe von Arbeiten in der Literatur, die das Phasenverhalten untersucht haben. Hier soll auf die detaillierten und genauen Messungen von Kammer u.a. [36] zurückgeriffen werden. Ohne alle Modellparameter auf eine exakte Übereinstimmung mit den experimentellen Trübungspunkten zu adjustieren, Abb. 6b), wollen wir auf den Einfluß der Polydispersität hinweisen. Kritischer Punkt und Extremum sind nicht identisch, Abb. 6b), es wird eine ausgeprägte Fraktionierung berechnet, Abb. 6d), wenn Phasentrennung auftritt. Das Fenster der Mischbarkeit läßt sich angenähert berechnen, Abb. 6c), selbst wenn die Balance der Modellparameter, z.B. Abb. 6a), durchaus noch Wünsche offen läßt.

Liegen im Copolymer Blend vier verschiedene Monomereinheiten vor, wird die Vielfalt der Phasenverhältnisse nahezu unüberschaulich (gleiches gilt natürlich leider

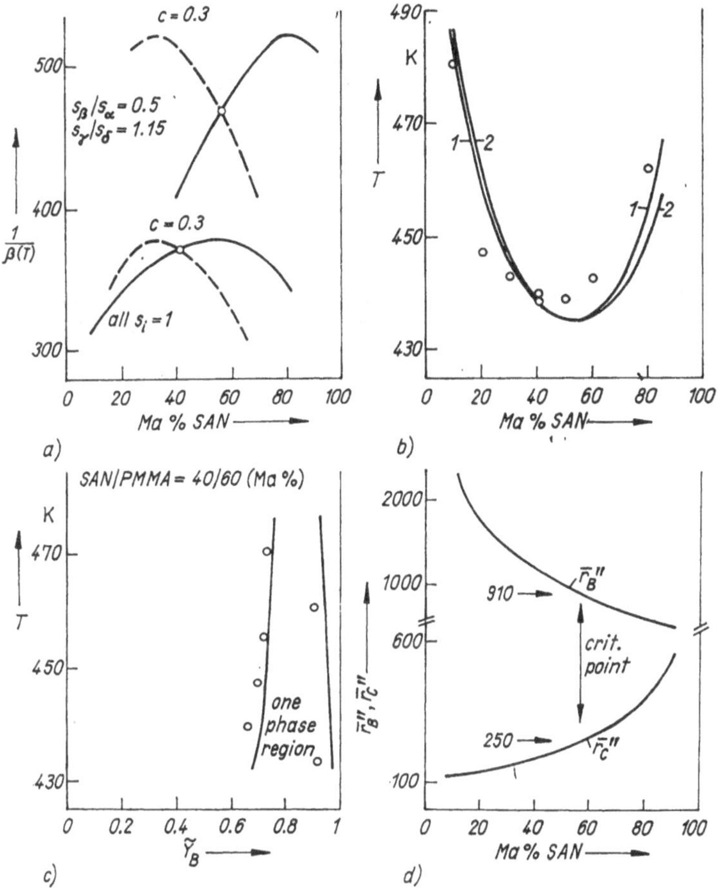

Abb. 6 Berechnete Phasengleichgewichte in Copoly(styren acrylnitril) (SAN) + Polymethylmethacrylat (PMMA) Blends

SAN: $\overline{M}_w$ = 179000 g/mol, $\overline{M}_n$ = 91000 g/mol, 34,4 Ma% Acrylnitril

PMMA: $\overline{M}_w$ = 43000 g/mol, $\overline{M}_n$ = 25000 g/mol

a) Kurven wie in Abb. 4a)

b) Vergleich der berechneten Trübungskurven mit den exp. Daten aus [36], ○ – berechneter kritischer Punkt, 1 – alle $s_i = 1$, $c = 0{,}3$; 2 – $s_\beta/s_\alpha = 0{,}5$, $s_\gamma/s_\alpha = 1{,}15$, $c = -0{,}21$

c) Mischbarkeitsfenster, Parametersatz 2 aus b)

d) Fraktioniereffekt

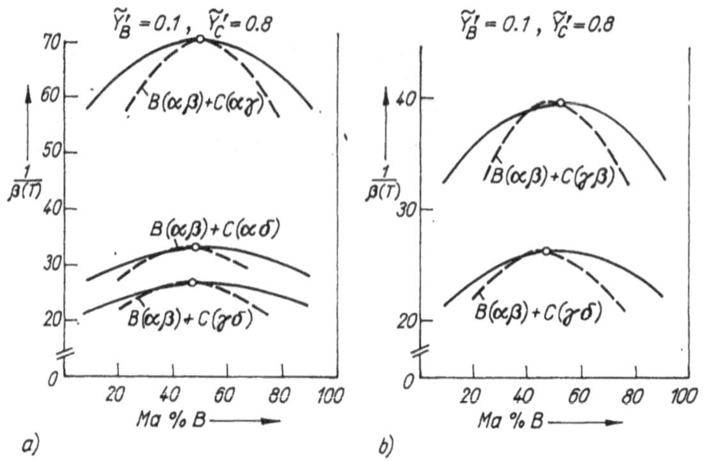

Abb. 7 Berechnete Trübungskurven (———), Schattenkurve (– – –) und kritische Punkte (○) wenn im Blend $B(\alpha\beta) + C(\ \delta)$ die Monomereinheit α oder β in C eingebaut wird; $r_B^I = r_C^I = 1$, $k_B = k_C = 1$, $g_{\alpha\gamma} = 1$, $g_{\beta\gamma} = 1{,}5$, $g_{\alpha\beta} = 2$, $g_{\beta\delta} = -2$, $g_{\gamma\delta} = 1$, $g_{\alpha\delta} = 2$

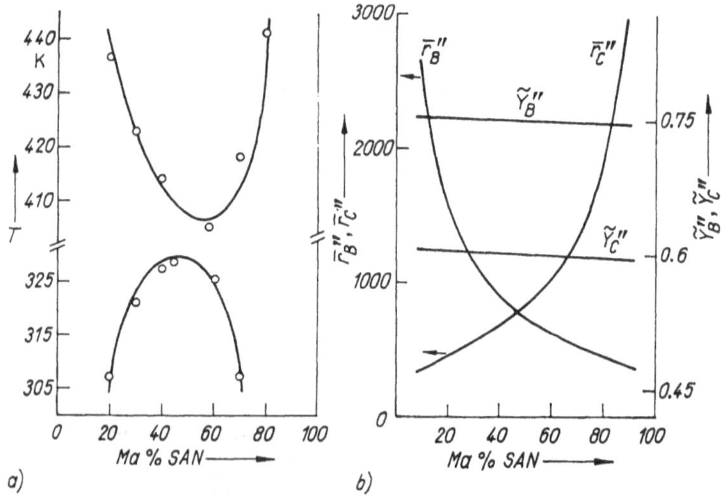

Abb. 8 Phasengleichgewicht im Copoly(styren acrylnitril) + Copoly(butadien acrylnitril) Blend:

SAN: $\overline{M}_w = 194000$ g/mol, $\overline{M}_n = 68000$ g/mol, 25 Ma% Acrylnitril

BA: $\overline{M}_w = 297000$ g/mol, $\overline{M}_n = 91300$ g/mol, 40 Ma% Acrylnitril

a) berechnete (———) und experimentelle, ○ [37] Trübungskurve)

b) Fraktioniereffekt für den LCST-Fall in a)

auch für die vielen Parametereffekte). Um wenigstens einen kleinen Einblick zu geben, zeigt Abb. 7, wie sich bei Konstanz **aller** Parameter **und** Verteilungsfunktionen die Phasengrenzen verändern, wenn, ausgehend vom Blend B($\alpha\beta$) + C($\gamma\delta$), nur die Monomereinheit α (linke Seite von Abb. 7) bzw. β (rechts) eine der beiden Monomereinheiten im Copolymer C ersetzt. Das Blend B($\alpha\beta$) + C($\beta\delta$) ist bei den gewählten g_{ij}-Parametern sogar vollständig mischbar. Diese Erkenntnisse lassen sich auch auf praktische Systeme ummünzen, siehe z.B. Abb. 8. Das Blend Copoly(styren acrylnitril) + Copoly(butadien acrylnitril) weist zwei Entmischungsbereiche auf, die experimentellen Angaben wurden [37] entnommen. Der Fraktioniereffekt bezüglich der Segmentzahl (Molmasse) und der chemischen Zusammensetzung kann berechnet werden, Abb. 8b).

4. Zusammenfassung

Es wird ein Einblick in Einsatzmöglichkeiten und Ergebnisse der kontinuierlichen Thermodynamik für Copolymer-Systeme gegeben. Der Schwerpunkt der Diskussion liegt auf der Darstellung des Einflusses der Verteilungsfunktion auf das Entmischungsgleichgewicht. Erst die kontinuierliche Thermodynamik ermöglichte eine exakte Lösung dieser Problematik, was anhand von Beispielen zum Hochdruckphasengleichgewicht im System des Copoly(ethen vinylacetat)s mit seinen Monomeren und zum Verträglichkeitsverhalten in verschiedenen Copolymer Blends demonstriert wird.

Weiterführende Arbeiten verlangen deutliche Fortschritte in der Ermittlung mehrdimensionaler Verteilungsfunktionen durch das Charakterisierungsexperiment einerseits und Verfeinerungen der Modelle bezüglich weiterer Einflußfaktoren (wie Sequenzlänge, Verzweigung, usw.) andererseits.

5. Literaturverzeichnis

[1] H. Kehlen und M. T. Rätzsch: Proc. 6th. Int. Conf. Thermodyn. Merseburg 1980, S. 41–51.

[2] M. T. Rätzsch und H. Kehlen: Sitzungsber. AdW der DDR **13N** (1982) 5–18.

[3] M. T. Rätzsch und H. Kehlen: Fluid Phase Equil. **14** (1983) 225–234.

[4] M. T. Rätzsch und H. Kehlen: J. Macromol. Sci.-Chem. A **22** (1985) 323–334.

[5] H. Kehlen, M. T. Rätzsch und J. Bergmann: AIChE-J. **31** (1985) 1136–1148.

[6] M. T. Rätzsch und H. Kehlen: Encyclopedia of Polymer Science and Engineering, 2nd Ed., J. Wiley & Sons, New York, Vol. 15, 481–491.

[7] M. T. Rätzsch und H. Kehlen: Progr. Polym. Sci. **24** (1989) 1–46.

[8] M. T. Rätzsch und H. Kehlen: in „Modelling of Phase Equilibria", Ed. H.-J. Bittrich, Akad. Vlg. Berlin, Elsevier Sci. Publ., Amsterdam, New York.

[9] M. T. Rätzsch und Ch. Wohlfarth: Adv. Polym. Sci., im Druck.

[10] W. H. Stockmayer: J. Chem. Phys. **13** (1945) 199–201.

[11] M. T. Rätzsch, H. Kehlen und D. Browarzik: J. Macromol. Sci.-Chem. A **22** (1985) 1679–1690.

[12] C. H. Chien, R. A. Greenkorn und K. C. Chao: AIChE-J. **29** (1983) 560–571.
[13] M. T. Rätzsch, E. Regener und Ch. Wohlfarth: Acta Polymerica **37** (1986) 441–446.
[14] E. Regener, Ch. Wohlfarth und M. T. Rätzsch: Acta Polymerica **39** (1988) 499–506.
[15] E. Regener, Ch. Wohlfarth, M. T. Rätzsch und S. Höring: Acta Polymerica **39** (1988) 618–627.
[16] Ch. Wohlfarth und R. Regener: Plaste & Kautschuk **35** (1988) 252–253.
[17] M. T. Rätzsch, Ch. Wohlfarth, D. Browarzik und H. Kehlen: J. Macromol. Sci.-Chem. A **26** (1989) 1497–1523.
[18] M. T. Rätzsch, P. Wagner, Ch. Wohlfarth und D. Heise: Acta Polymerica **33** (1982) 463–467.
[19] Ch. Wohlfarth, P. Wagner, M. T. Rätzsch und S. Westmeier: Acta Polymerica **33** (1983) 468–471.
[20] Ch. Wohlfarth und M. T. Rätzsch: Acta Polymerica **34** (1983) 255–259.
[21] M. T. Rätzsch, P. Wagner, Ch. Wohlfarth und S. Gleditzsch: Acta Polymerica **34** (1983) 340–344.
[22] Ch. Wohlfarth, P. Wagner, D. Glindemann, M. Völkner und M. T. Rätzsch: Acta Polymerica **35** (1984) 498–503.
[23] Ch. Wohlfarth und M. T. Rätzsch: Acta Polymerica **36** (1985) 152–158, **37** (1986) 86–92, 594–596.
[24] Ch. Wohlfarth und M. T. Rätzsch: Acta Polymerica **38** (1987) 156–158.
[25] D. Browarzik, M. T. Rätzsch und CH. Wohlfarth: Acta Polymerica **40** (1989) 457–462.
[26] S. Krause: in Polymer Blends, Vol. 1, Academic Press, 1978, 15–113.
[27] B. J. Schmitt: Angew. Chem. **91**, (1979) 286–309.
[28] R.-J. Roe und D. Rigby: Adv. Polym. Sci. **82** (1987) 103–139.
[29] R. L. Scott: J. Polym. Sci. **9** (1952) 3423–3432.
[30] R. Koningsveld und L. A. Kleintjens: Macromolecules **18** (1985) 243–252.
[31] R. Koningsveld und L. A. Kleintjens: J. Polym. Sci., Polym. Symp. **61** (1977) 221–249.
[32] N. I. Druz, A. Chalych und A. D. Aliev: Vysokomol. Soedin., Ser. B **29** (1987) 101–104.
[33] G. ten Brinke, F. E. Karasz und W. J. MacKnight: Macromolecules **16** (1983) 1827–1832
[34] R. D. Paul und J. W. Barlow: Polymer **25** (1984) 487–494.
[35] H. W. Kammer: Acta Polymerica **37** (1986) 1–6.
[36] M. Suess, J. Kressler und H. W. Kammer: Polymer **28** (1987) 957–960.
[37] T. Ougizawa und T. Inoue: Polym. J. **18** (1986) 521–527.

FSC
www.fsc.org
MIX
Papier | Fördert gute Waldnutzung
FSC® C083411

Kolibri 360 GmbH
Ferdinand-Jühlke-Straße 7
99095 Erfurt, Deutschland
produktsicherheit@kolibri360.de